好奇孩子大探索

真的假的？原來地球這麼逗

作者　岩谷圭介
繪圖　柏原昇店
翻譯　李彥樺
審訂　謝隆欽
Earth WED 地球星期三社群

前言

你喜歡「科學」嗎？
如果回答「喜歡」，
這本書正適合你閱讀！
如果回答「普通」或「討厭」，
這本書也很適合你閱讀！
因為這本書介紹的是關於這個地球的科學。
「科學」給人一種很難的感覺，
其實都是一些相當平常的事情。

例如放屁是科學，下雨也是科學。
討厭計算公式？討厭艱深的理論？
討厭枯燥乏味的上課內容？
放心吧！
這本書既不講理論，也沒有計算公式，
保證不枯燥乏味！
是一本能夠讓你發現「科學好有趣」的書。
透過科學的眼鏡看世界，
每天的生活必定會變得充滿樂趣！
本書介紹了各種關於地球的怪事和趣聞，
來吧！一起進入逗趣的地球科學世界！

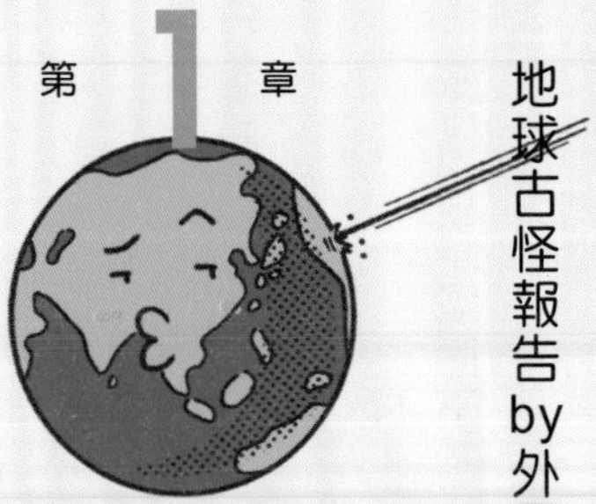

第1章 關於地球的特性

第2章 關於天空與天氣

TV
TV

第3章 關於地面、地底與土地

第4章 關於大海與水

第5章

關於生命與人類

地球古怪報告 by外星人

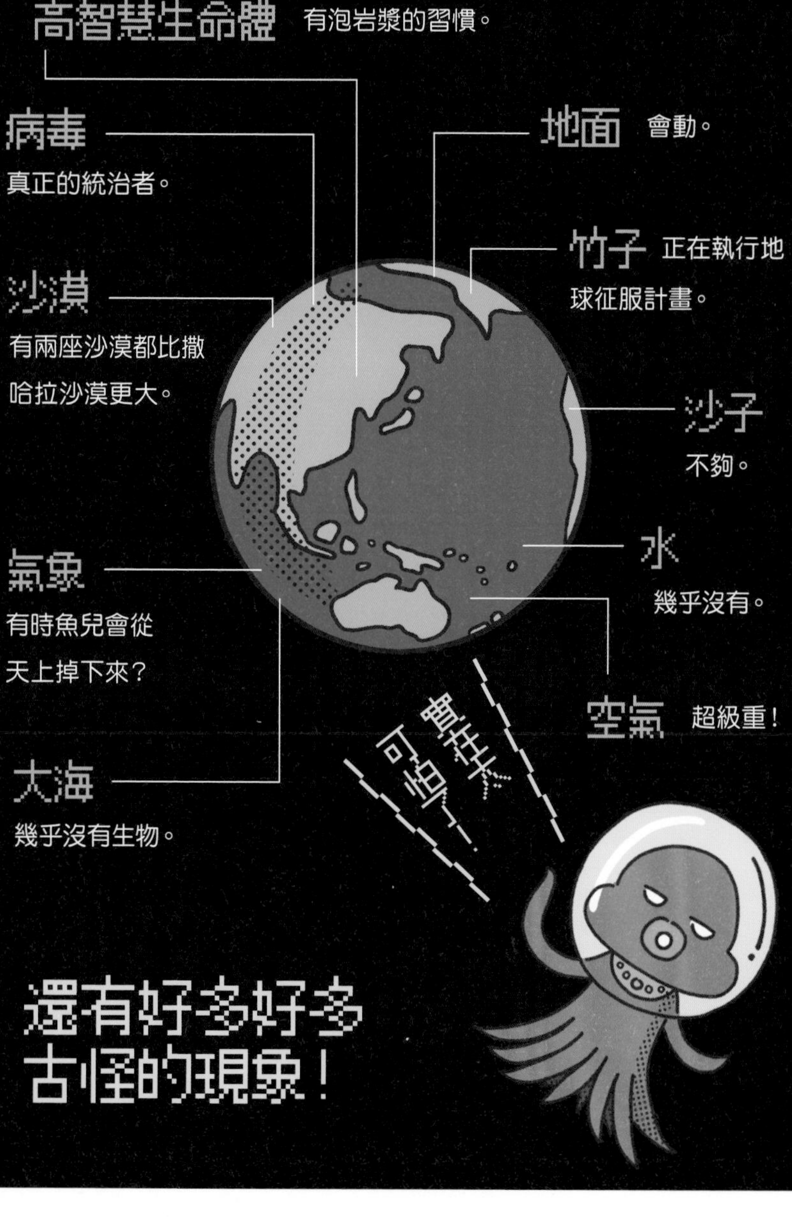
高智慧生命體 有泡岩漿的習慣。
病毒
真正的統治者。
地面 會動。
竹子 正在執行地球征服計畫。
沙漠
有兩座沙漠都比撒哈拉沙漠更大。
沙子
不夠。
氣象
有時魚兒會從天上掉下來？
水
幾乎沒有。
空氣 超級重！
大海
幾乎沒有生物。
實在太可怕了……

還有好多好多古怪的現象！

HEN-TEKO-1

第1部

關於地球的特性

在銀河系的邊境，有一顆非常平凡的橘子色星星。
另外還有一顆有點溼又有點古怪的星星，
正在繞著那顆橘子色星星運轉。

地球有點胖

大家都以為地球是圓的，但地球的形狀並不是漂亮的圓形，說得更明白一點，其實地球有一點胖。

赤道附近的地球直徑，是一萬二千七百五十六公里，但連接南北極的直徑，卻是一萬二千七百一十四公里。換句話說，赤道的直徑長了約四十二公里。

看起來好像差不多，其實四十二公里相當於五座聖母峰的高度，差距可說是相當大。

為什麼會產生這樣的差距？理由是，地球正在不斷轉動（自轉），赤道附近產生了離心力，所以腰圍會變得比較粗一點。

小知識

聖母峰　地球上最高的山，高度約 8848 公尺。

我們每個人都在超高速移動

你正以時速十萬公里的速度移動當中，不管是在睡覺、看書，還是在全力奔跑，都是以這個速度在移動，你知道為什麼嗎？

因為地球隨時都在繞著太陽旋轉，移動的速度就是時速十萬公里。每個在地球上的人，當然也是以這個速度在移動。

你或許會覺得很奇怪，如果移動的速度這麼快，為什麼我們沒有感覺？那是因為當所有的東西都以相同的速度移動時，我們就沒有辦法感覺到速度。

小知識

公轉　地球繞太陽旋轉稱作公轉，其他的行星也會繞太陽公轉。

登山其實是時光旅行

登山其實是一種時光旅行。理由很簡單，當重力越小，時間的前進速度就越快；當重力越大，時間的前進速度就越慢。只要利用這個性質，任何人都可以輕易來一趟時光旅行。

在距離地球中心越遠的地方，重力就會越小，所以時間的前進速度就會越快。換句話說，只要爬到山上，就能更快到達未來。

能多快呢？

在高度約四百五十公尺的東京晴空塔展望臺上，每天的時間會快十億分之四秒。在高度約三千七百七十六公尺的富士山山頂，每天的時間會快一億分之四秒。也就是說，只要在富士山頂上待一天，就能前往〇・〇〇〇〇〇〇四秒之後的未來。

你或許會覺得很少，沒錯，這個方法只能讓時間變快一點點，如果想要跳躍到一年之後的未來，你必須在富士山山頂上停留兩兆年，這可是宇宙誕生至今的年齡的一百倍以上。

如果真的想要跳躍時空，或許製造時光機會是比較可行的做法。

小知識

一般相對論　定義時間與空間關係的物理學理論。山頂與山腳下的時間誤差，也可以靠這個理論推算出來。

地球磁鐵的SN極是相反的！

大家都知道磁鐵有S極與N極，S是South的縮寫，代表南邊；N是North的縮寫，代表北邊。地球本身也是一塊磁鐵，地球的南極是象徵著北邊的N極，而北極則是象徵著南邊的S極。

或許你會以為我把南北極說反了，但我並沒有說反。以磁鐵製作成的羅盤，自古以來就是判斷方向的重要道具。古人將磁鐵上指著北方的那一邊稱作N極，將指著南方的那一邊稱作S極。後來的人才發現地球本身就是一塊巨大的磁鐵，會跟地球上的磁鐵互相吸引和排斥，所以才會產生名稱上的矛盾。

小知識

地球磁場南北相反的理由　磁鐵的S極與N極會互相吸引。古代人所發明的羅盤，裡頭也有磁鐵，磁鐵的N極會一直指著北方，這就證明了地球的北方是S極。

地球只是飄在宇宙裡的小小灰塵

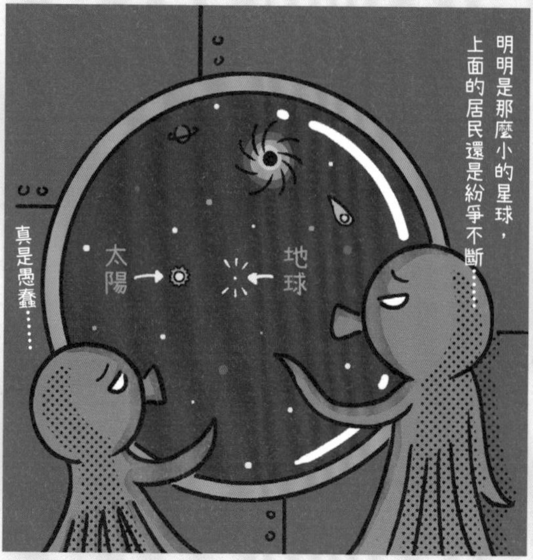
明明是那麼小的星球，上面的居民還是紛爭不斷……
真是愚蠢……
太陽
地球

在地球上住久了，會產生地球很巨大的錯覺。但是從宇宙的角度來看，地球的大小大概只像一粒灰塵，地球的重量則只有太陽的百分之〇・〇〇〇三。和太陽相比，地球的存在感趨近於零。

如果把自己想像成太陽，地球的重量也就相當於身邊的一小粒沙子。不用覺得沮喪，因為和太陽相比，木星也像是一粒沙子，而太陽在整個宇宙裡也不過是顆毫不起眼的小星星。地球就像是圍繞這顆橘子色小星星旋轉的超小灰塵，小到幾乎看不見，而人類就是生活在這粒灰塵上面。

小知識

地球的重量　大約 6000000000000000000000000 公斤。
太陽的重量　大約 2000000000000000000000000000000 公斤。

太空和天空並沒有分界線

天空的上面有太空，這個我們都知道。但是到哪裡算是天空，從哪裡算是太空呢？答案是「沒有明確的分界線」。

雖然高度越高，空氣越稀薄，但不管高度再怎麼高，還是可以找到一點點空氣。

就算是在太空中，還是飄著極為稀薄的氣體，所以說，太空和天空並沒有分界線。

但如果完全沒有分界線，在思考和討論問題時會相當不方便，因此科學家還是在天空上畫出了一條線，認定超過這條線的範圍就是太空。

小知識

卡門線　在高度 100 公里位置所畫出的虛擬界線。自這條界線以上，就是太空開發的世界，任何人只要能夠跨越這條界線，就可以被稱作太空人。

太陽的溫暖光芒有非常強大的能量

曬太陽是一件很舒服的事，對吧？事實上太陽的溫暖光芒，有非常強大的能量呢！

現在地球上約有八十億人口、數十億棟建築物，陸海空每個角落都有各式各樣的交通工具，這一切的一切，都會消耗大量的能量。

現在讓我們回頭來看太陽光，事實上太陽光所擁有的能量，是全地球文明所消耗能量的一萬二千八百倍！只要能夠善加活用太陽光百分之〇・〇一的能量，全世界絕大部分的能源問題都能獲得解決，太陽光真是太厲害了！

小知識

全世界每年所消耗的能量　426000000000000000000 焦耳
每年從太陽傳遞到地球的能量　5470000000000000000000000 焦耳
焦耳　能量的單位

一粒「灰塵」撞到地球，就能讓人類滅亡

恐龍是因為隕石撞擊地球而滅亡，或許你會以為那是一顆巨大的隕石，但其實那只是一顆小小的隕石。

讓我們做個簡單的比喻，假設地球的大小，大約是一顆西瓜那麼大，而那顆毀滅恐龍的隕石，若以相同的比例縮小，差不多只有〇・三公釐，幾乎是灰塵或小沙粒的程度，如果不使用放大鏡，可能還看不見呢！這麼小的隕石，對地球來說當然沒什麼大不了，但是撞擊的威力卻足以毀滅地球上的生物。

從前造成恐龍滅亡的那顆隕石，產生的能量大約是人類歷史上最大炸彈的兩百萬倍。這麼可怕的威力，要毀滅生物當然綽綽有餘，即使是已經擁有高度文明的人類，遇上了也難逃一死。

或許你會認為，人類能夠靠智慧來化解危機、度過難關，但至少到目前為止，就算全世界的人類攜手合作，應用所有的文明利器，還是沒有辦法迴避這種規模的災害。

那麼，我們能做什麼呢？答案是祈禱！祈禱隕石不會掉下來，祈禱我們能看見明天的太陽，並且趁還受幸運之神眷顧的時候，繼續發展我們的科學！

小知識

地球的直徑　12742 公里（平均直徑）。消滅恐龍的隕石，直徑約 10 ～ 15 公里。

沙皇炸彈　人類歷史上最大的炸彈，由舊蘇聯（現在的俄羅斯）所製造，威力為一般「黃色炸藥」的 5000 萬倍。

轟轟轟……

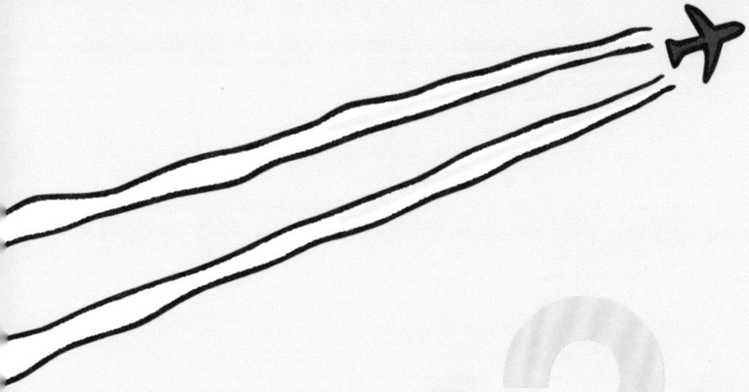

第2部

關於天空與天氣

天空雖然只是地球表面的一層薄皮，
卻充滿了各種稀奇古怪的事情！

空氣的重量相當於十輛車

你以為空氣很輕嗎？

錯了！空氣不僅很重，而且重到嚇死人。

壓在你身上的空氣重量，大約是一萬五千公斤，相當於十輛汽車的重量。

沒錯，每天都有十輛汽車壓在你的身上。擔心會被壓扁嗎？

不，你想太多了，因為身體裡的空氣也會以相同的力量往外推，所以不會被壓扁。

小知識

氣壓　看天氣預報的時候，有時我們會聽見「百帕」這個單位，這指的就是空氣的重量（單位面積所承受的重量），高氣壓的空氣比較重，低氣壓的空氣比較輕，颱風則是非常輕。

如果沒有空氣，淋雨就會死

如果地球上沒有空氣，光是雨滴落在身上就可以把我們殺死！

雨滴是從二千至五千公尺的高空中墜落至地面，我們都知道，東西放得越高，掉落時越危險。如果沒有空氣的話，在五千公尺的高空中所形成的雨滴，到達地面時的時速將會超過一千一百公里，這速度甚至比子彈更快，任何人一旦站在雨中，都會被打成蜂窩。

這聽起來很可怕，但是不用擔心，因為我們有空氣。多虧了空氣阻力，雨滴掉落的速度慢了許多，所以我們就算淋了雨也不會死。

小知識

子彈的速度　日本警察所使用的手槍，子彈速度約時速 1000 公里。

高空中就算是夏天也超級冷

氣溫超過四十度的夏天令人難以忍受，想要逃離。這時逃到空中是個好選擇，因為不管地表再怎麼炎熱，高空都會處於超級冷的狀態。高度每升高三千公尺，氣溫就會下降二十度，例如地表四十度的時候，高空的溫度就是二十度，非常涼爽舒適。

如果想要再冷一點，只要再提升高度就行了。上升到一萬五千公尺，氣溫會比地表低一百度左右，就算是在盛夏時期，溫度也只有零下七十度，夏天也可以體驗住在南極的感覺。不過高空幾乎沒有空氣，別忘了穿上太空衣喔！

小知識

平流層　天空的高度超過 10 公里以上的範圍稱為平流層。原本高度越高，氣溫會越低，但是在進入平流層之後，高度越高，氣溫反而會升高，是因為這個區域有臭氧層，而臭氧在分解的時候會產生熱能。

南極雖然寒冷，但吐出來的氣不會變成白色

寒冷的南極，吐出來的氣也是白的嗎？事實上並非如此。要吐出白色的氣，有兩個必要條件：第一是必須要從身體裡吐出水蒸氣，第二是空氣中要有灰塵。

身體裡的水蒸氣遇到冰冷的空氣時，溫度會下降，但如果只有水蒸氣，並沒有辦法產生水滴。空氣中必須要有小小的顆粒，水蒸氣才能以這些顆粒為核心形成水滴。

而吐出來的氣看起來是白色的，就是因為水滴的關係！但是南極的空氣實在太乾淨了，幾乎完全沒有灰塵，所以吐出來的氣不會變成白色的。

小知識

氣膠　就是空氣中的小灰塵。雨、雲的產生，都是因為有這些灰塵的關係。

絕大部分的雲都不會下雨

有「雨」的才會下雨！

雲的種類共有十種，而大部分的雲都不會造成下雨。會造成下雨的雲只有兩種：積雨雲和雨層雲。

積雨雲通常是夏天才會出現的雲，又稱作雷雨雲。在晴天的時候，會看到它越來越大，最後引發下雨和打雷。雨層雲又稱作雨雲，顧名思義就是會下雨的雲。

要找出會下雨的雲非常簡單，因為這兩種雲都很厚，就算是大白天，也會讓天空變得很暗。

以名稱來看，只要有「雨」字的雲，就是會下雨的雲。看看天上的雲，預測一下今天的天氣吧！很有趣唷！

小知識

兩種會下雨的雲的差別　積雨雲的下雨時間較短，雨勢較大；雨層雲的下雨時間較長，雨勢通常不大。

烏雲和白雲其實顏色一樣

轟隆轟隆
你知道嗎？
站住！
別再胡說八道了！
烏雲其實也是白的！

抬頭仰望天空，如果看見像棉花糖一樣的白雲，會覺得心情很舒暢；看見像鱗片一樣的白雲，也會覺得很有意思。但如果看見的是烏雲，就會感到有點不安，擔心就要下雨了。

你知道嗎？其實雲只有一種顏色。不管是烏雲還是白雲，成分都一樣，顏色也完全相同。

烏雲看起來是灰色或黑色的，那是因為雲層太厚，遮蔽了陽光；白雲看起來是白色的，是因為雲層較薄，陽光能夠順利通過，所以顏色沒有變暗。不管哪一種雲，其實都是一樣的顏色。

小知識

漫反射　雲是由透明的水滴或冰塊的微小顆粒所組成，這些微小顆粒會造成陽光的漫反射。當光線形成漫反射時，顏色看起來會是白色的，這就是雲層看起來是白色的原因。

晴天和陰天的判斷標準其實很籠統

看來今天的天氣是晴天♡
7:03
陰天……不，算是晴天好了……
LIVE

氣象預報是最新科學技術的結晶，運用人工衛星在全世界建立觀測網，將數據輸入超級電腦進行分析。但其實晴天和陰天的判斷，還是用肉眼看天空的超原始方式。

如果看見很多雲，就算是陰天；如果沒什麼雲，就算是晴天。想要更嚴謹的判斷標準，頂多就是八成的天空沒有雲就算晴天，超過九成有雲就算陰天。

都已經什麼時代了，竟然還靠肉眼和印象來判斷天氣？或許大家會覺得很驚訝，但只要沒有下雨，晴天與陰天其實沒有太大的差別，所以也不用那麼講究。

小知識

萬里無雲　我們常常會用萬里無雲來形容晴天，但在天氣預報的世界裡，只要天空被雲覆蓋的面積在一成以下，就算是晴天了，不必到萬里無雲的程度。

飛機雲能用來預知天氣

當飛機飛過天空，有時會留下飛機雲。你知道嗎？只要看飛機雲，就能預測未來的天氣呢！

原因在於產生飛機雲的理由，當空氣中含有大量水分時，較容易產生飛機雲，然而會下雨的雲，也是因為當時空氣中含有大量水分，所以比較容易形成。

換句話說，當出現了飛機雲，代表很可能也會出現會下雨的雲。飛機雲拖得越長，代表隔天會下雨的機率越大；如果飛機雲很短，一下子就消失了，代表隔天很可能是好天氣，這個預測方式很準唷！

小知識

飛機的飛行高度　大約是 8000 至 12000 公尺

雨滴並不是水滴形狀

你知道雨滴是什麼形狀嗎？雨滴就是水滴，相信大部分的人都會猜測是水滴形狀，但事實上並非如此。

雨滴在掉落時，並不是水滴形狀的，而是接近球體，但下方稍微扁一點，那形狀以我們較熟悉的東西來比喻，就像是包子。

為什麼雨滴會是包子形狀呢？那是因為雨滴在掉落的時候，周圍都是空氣，柔軟的雨滴受到了空氣的阻擋，下方會稍微變成扁平狀。

下次遇到下雨的時候，可以想像一下包子從天上掉下來的景象。

小知識

空氣阻力　當物體在空氣中移動時，會承受一股阻擋的力量。

降雨機率0％還是有可能會下雨

天氣預報一定會提到降雨機率，如果降雨機率是百分之百，出門當然要帶雨傘；如果降雨機率是0％，就會被認為絕對不會下雨。事實上就算是降雨機率0％，還是可能下大雨。降雨機率是參考過去相似的狀況，如果出現類似過去天空狀況的日子都沒有下雨，氣象人員就會將降雨機率認定為0％。

但畢竟只是以從前的狀況作為參考依據，並不保證這次一定不會下雨。要是天氣預報說降雨機率為0％卻下起了大雨，大家反而應該要覺得開心，因為這表示遇上了相當罕見的狀況。

小知識

降雨機率0％　意思並不是絕對不會下雨，而是下雨的機率很小。

有些人能夠預知會不會下雨？

有些人會在下雨前說出「我聞到了雨的味道，可能要下雨了」之類的預言。這種人並不罕見，而且他們說出來的預言往往相當準確，為什麼他們能夠預測會不會下雨？他們是新人類？還是擁有超能力？

事實上科學家已經找出了原因，當下雨的時候，土壤裡的細菌和植物就會散發出「雨的氣味」，這些氣味會隨風散播至還沒有下雨的地方，嗅覺比較靈敏的人，就能聞到這個氣味。

所以嚴格來說，這些人不是有能預測下雨的超能力，而是鼻子特別靈敏。

小知識

潮土油　會散發出雨的氣味的成分。對了，在雨停之後，也會有一股獨特的氣味，那其實是霉味。

休息一下

1

找出圖畫中的錯誤

這幅畫中有 1 個地方畫錯了，請問是哪個地方？

答案在第 127 頁。

落雷並沒有落在地上

差不多該來製造
落雷了……
什麼落雷？
應該是「升雷」吧？

從「落雷」這樣的字眼，可以看出在一般人的觀念裡，雷是從天上墜落至地面的。

但是從科學（尤其是電磁學）的角度來看，雷其實是從地面竄升到天空。

雷就是電流，會從正極流往負極，而地面是正極，雲層則是負極。電流是從正極流往負極，也就是從地面流往雲層。

換句話說，雷不是掉到地上，而是上升到了空中。既然是這樣，應該改名叫「升雷」才對。

小知識

電流　指電的流動。因為在定義上，電流的方向與電子的流動方向相反，所以才會產生這樣的矛盾。如果是從物理學的角度來看，雷（電子）確實是從天空掉到地面上。

雷的能量足夠供應一千億臺冷氣機

打雷時會釋放出相當可怕的能量。雷的電壓高達十億伏特，電流高達十萬安培，就連絕招是「十萬伏特」的黃色放電老鼠（皮卡丘），遇到打雷大概也會瑟瑟發抖。雷所釋放出的能量，絕對超乎你的想像！

雷的能量強大到足以供應一千億臺家用冷氣機所需要的電力，如果能夠善加運用這股能量，不知該有多好！可惜現實中很難做到，因為雷的能量會在一瞬間釋放完畢。

過去有許多科學家曾經嘗試運用雷的能量，但是都失敗了，以後大概也不會成功吧！

小知識

全世界的落雷次數　地球上每秒鐘會發生 100 次落雷，平均每天 900 萬次。

落雷次數多，那一年就會大豐收

日本神社裡的神木，通常會在樹幹上綁一條繩子，不知你是否看過？這條繩子稱作「注連繩」，象徵著祈願豐收，繩子的底下會垂掛摺成鋸齒狀的白色紙片，這些紙片象徵下雨和落雷。下雨能帶來豐收，這點還能理解，但豐收與落雷有什麼關係呢？

事實上，落雷與豐收有相當大的關係。因為落雷會讓空氣中的氮氣轉變為肥料，進入土壤之中，當土壤裡的肥料變多了，農作物自然就會豐收。因此日本人又將落雷稱作「神鳴」，從前的人不懂科學，但是對大自然可是觀察入微呢！

小知識

鋸齒狀的白色紙片　這些白色紙片稱作「垂」。有一派說法認為，白色紙片象徵雷，而繩子象徵雲層。

下雪的日子其實比較暖和

很多人會以為下雪的日子比較冷，但這是錯誤的觀念，下雪的日子其實比較暖和，為什麼呢？

雪來自雲層，會下雪就必定有雲。雲就像蓋在地球上的毛毯，我們蓋著毛毯會感覺很溫暖，是因為身體的熱能不會流失，同樣的道理，當地球的上頭覆蓋雲層時，熱量不會流失，就會比較溫暖。

如果沒有雲，熱能會散入太空中，就會比較寒冷。

換句話說，晴朗的日子反而比較冷，在日本北方的地區，居民常會有「今天下雪了，好溫暖！」之類的對話。

小知識

輻射冷卻　指熱能從地表散入太空中，造成地表溫度下降的現象。地球的熱能會轉化為眼睛看不見的紅外線，不斷流向太空。

東京在聖誕節下雪的機率是0%？

你是否曾經期待過「聖誕節那天在東京看見下雪」？放心吧！機率是0%，不管是今年的聖誕節，還是明年的聖誕節，東京都不會下雪。電影、電視劇或動畫裡，常會有東京在聖誕節下雪的劇情，那些都是騙人的。

事實上東京過去從來不曾發生過聖誕節下雪的狀況。反正東京下雪只有壞處沒有好處，又冷又難走，一個不小心就會跌倒！如果雪下得太大，電車還會停駛，到處都陷入交通癱瘓。結果就只是搞得身冷心也冷，但願今年的聖誕節也不要下雪。

小知識

札幌是聖誕節賞雪的最佳去處　日本北海道的札幌市在聖誕節下雪的機率是90%，而且札幌是經常下雪的城市，所以能夠安心享受雪帶來的樂趣，只不過很冷就是了。

颱風就像DVD

大家對颱風的印象，應該都是風吹得沙沙作響，雨下得唏哩嘩啦吧！颱風的直徑大約是二百至一千公里，有時整個日本都會進入暴風圈內，釀成重大災情。

颱風雖然巨大，但其實相當扁，巨大的只有水平方向，垂直的方向則相當薄，大概只有十公里左右，形狀就像一片ＤＶＤ，而且正中央還有一個洞，真的和ＤＶＤ一模一樣，乍看之下好像很大，其實只有薄薄一片。

不過可別因為「薄」就小看了颱風，畢竟它可是非常可怕的天然災害！

小知識

雲的高度極限　平常我們所看見的雲，最高也只有 10 公里左右，沒有辦法再更高了。

日本颱風的規模只有「大型」和「超大型」

日本電視新聞裡對颱風規模的形容，基本上只有「大型」和「超大型」，你一定覺得很奇怪吧？怎麼沒有「中型」和「小型」呢？以前原本有「中型」和「小型」的說法，但後來發生了好幾次因為民眾過度輕忽「小型颱風」而導致釀成重大災害的情況。

為了避免這樣的情況再度發生，現在日本的電視新聞不再以「中型」和「小型」來形容颱風，只用「大型」和「超大型」。畢竟颱風是相當可怕的災害，絕對不能掉以輕心，只要颱風來襲，不管是多大的颱風都要提高警覺！

小知識

颱風的強度　在日本，颱風的強度有「強」、「非常強」和「猛烈」這幾個等級，也是為了避免民眾過度小看颱風，如果不到「強」的程度，電視新聞就會避免提及颱風的強度。

颱風在世界上其實有兄弟

颱風在這世界上還有一些兄弟。所有的颱風都是由熱帶低氣壓所形成，世界上有許多地方都會產生熱帶低氣壓。雖然各地的熱帶低氣壓所形成的颱風都一樣，名稱卻隨著地區而有所不同。

在日本附近形成，稱為颱風；在美國附近形成，稱為颶風；在印度附近形成，則稱為氣旋。雖然本質上全部都是一樣的現象，但因為名稱是依照地區來決定，所以常常會發生一些古怪的情形，例如颱風移動到美國附近的時候，明明性質完全沒有改變，名稱卻會變成颶風，相反的情況當然也常常發生。

小知識

越境颱風　指颶風在接近日本後被改稱為颱風的情況。

魚從天上來並不算非常稀奇

你曾經看過各種奇怪的東西從天上掉下來嗎？

事實上這種奇怪的現象並不罕見，全世界可以說是每年都在發生。從天上掉下來的東西也是五花八門，從鯊魚、小魚、玉米、青蛙到昆蟲都有。

幾百隻生物突然從天空落下，那副景象一定是既詭異又嚇人吧！

為什麼會發生這種現象？目前還查不出確切的原因。比較可靠的說法，是這些生物被龍捲風吹到了天空；比較誇張的說法，則是外星人在惡作劇。

你覺得是哪一種呢？

小知識

怪雨現象　不應該從天上掉下來的東西，竟然從天上掉下來的現象。

彩虹並非七色

大家都曾經聽過「七色彩虹」這種說法，但其實彩虹的顏色並非七種，從紅色到橙、黃、綠、藍、靛、紫，顏色慢慢改變，可以分解出無數種顏色；但是，人類的眼睛沒有辦法分辨太細微的顏色差異，所以，眼睛所看見的彩虹顏色數量會因人而異。

因為這個緣故，「彩虹有七種顏色」這種說法並非全世界的共同常識，每個國家所認定的顏色數量都不相同，多的可能認為有八色，少的可能認為只有兩色。下次看見彩虹，建議你不妨仔細數一數，你看見的彩虹到底有幾種顏色？

小知識

光的三原色　把紅、綠、藍這三種顏色的光混合在一起，會變成白色。太陽光其實就是彩虹的顏色，因為各種顏色的光混合在一起，所以變成白色。

爬到山頂可能會遇見妖怪

爬山的時候，有可能會遇到一種稱為「布羅肯」的妖怪。首先，你的前方會出現一個大圓，妖怪就在那裡頭。

妖怪布羅肯會模仿人的動作，如果你朝它揮手，它也會朝你揮手，簡直像在玩模仿遊戲一樣。這種妖怪並不是幽靈，也不是幻覺，而是真實存在的東西。

如何，有沒有興趣見它一面呢？你可以試著到山上尋找它，尤其是起濃霧，但是山頂天氣晴朗的日子，特別容易遇上。如果在陰天時搭飛機，也有非常高的機率會看見它喔！

小知識

布羅肯現象　這個現象又被稱作「布羅肯妖怪」，原本是在德國的布羅肯山上經常被人發現的現象。這是一種彩虹現象，能夠用科學的角度來加以解釋。

氣候異常其實並不異常

每當出現超級強颱、罕見的大洪水，或是難以忍受的高溫等極端天氣時，大家常常會把「氣候異常」掛在嘴邊。很多人覺得這幾年氣候異常所導致的極端天氣現象越來越頻繁，而這並非錯覺。從統計上來看，氣候異常的頻率確實有增加的趨勢，根據預測，未來還會持續增加。

或許將來有一天，氣候異常會變成理所當然的狀況。不，或許現在已經是這種情況了。

氣候在改變，地球也在改變，沒有改變的或許只有人類的語言和刻板印象。

小知識

氣候異常的定義　「與過去 30 年的平均值有極大落差的氣候」（世界氣象組織定義）就可以稱作氣候異常。

雲的種類只有十種

抬頭仰望天空，我們會看見各種形狀的雲，所以有很多人以為雲的種類有非常多種。

其實雲的種類並不多，只有以下十種而已。

①積　雲　由一小團一小團看起來像棉花的雲所組成。

②積雨雲　看起來非常巨大，常在夏天傍晚下雨時出現，又名雷雨雲。

③雨層雲　最常見的烏雲，會讓天空變得很陰暗，造成下雨或降雪。

④高積雲　看起來像一大群綿羊的雲。

⑤卷積雲　有時候看起來像鱗片，有時候看起來像波浪的雲。

⑥卷　雲　像一條條細絲排列在一起的雲。

⑦層　雲　高度最低，看起來像一大片灰色的煙霧。

⑧層積雲　位於低空的雲，範圍相當廣，幾乎不會下雨。

⑨高層雲　散布在整片天空，會讓太陽和月亮看起來朦朦朧朧的雲。

⑩卷層雲　又薄又透明的雲，出現在非常高的高空上。

找出圖中特別奇怪的一種雲

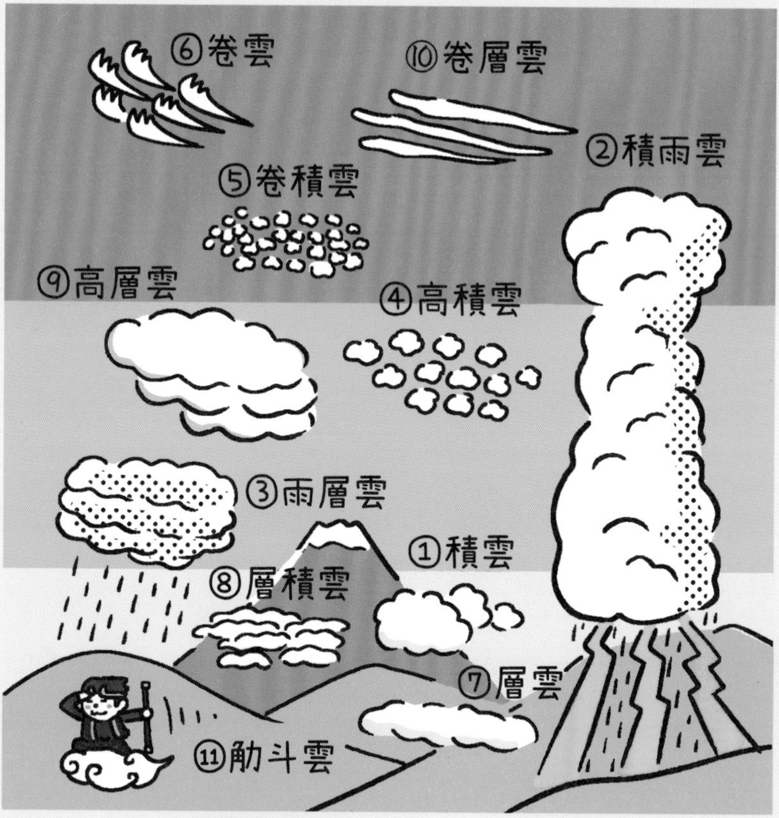

施工中

第3部

關於地面、地底與土地

在這個稀奇古怪的星球內部，有什麼樣的世界在運作？
讓我們一窺這個星球的地面、地底與土地的祕密。

地球的內部有由鐵組成的大海

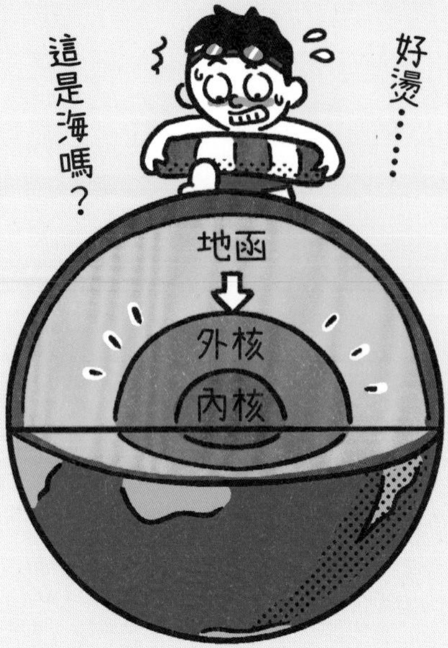

說起大海，大家首先想到的應該都是能夠游泳、釣魚的那片巨大海洋吧！

以鹽水組成的海洋，最深處大約深達十公里。或許大家會覺得很深，但其實地球還有更深、更巨大的大海，也就是一片燃燒成了鮮紅色的鐵質海，深度甚至超過二千二百公里！

這片鐵質海就在我們的腳底下，靠近地球中心附近，它是地球核心的一部分，被稱為「外核」。

原來我們的腳底下有著一般人難以想像的世界，可見地球還有許多未知的領域呢！

小知識

地球外核　地球的中心有由鐵組成的內核，內核的周圍有一層由熔化的鐵組成的外核，外核的外側有地函，而地函的外側有地殼。

地函並沒有熔化

「地球的內側有地函，而地函會不斷移動，導致大陸位移和引發地震！」聽到這樣的說明，大家可能會以為地函是液體狀態，事實上，地函並不是液體，也沒有熔化。更精確的說，地函是非常堅硬的岩石。

地函既然是非常堅硬的岩石，又為什麼會在地球的內部移動？乍聽之下，「地函移動」似乎是很矛盾的事情，但如果把格局放大、時間拉長，就會明白其實堅硬的物質也會移動。

地球上有些稀奇古怪的事情，以我們人類的腦袋是很難明白的。

小知識

地函的溫度　高達攝氏 3000 ～ 5000 度，這個溫度連鐵都會熔化，但因為地球內部的壓力很高，所以地函可以維持固體的岩石狀態。

地面會移動

我們開車到夏威夷兜風吧！
噗噗噗……
OK
※兩億五千萬年後

我們腳底下的地面雖然感覺起來非常堅硬又穩固，但其實它會在地球的表面不斷移動。而且，會移動的可不是只有小島而已，就算是巨大的大陸，也會到處移動。

大約兩億年前，所有的大陸是連在一起的狀態，由於大陸的每個部位到處移動的關係，如今分裂成了五塊大陸。

大約兩億五千萬年後，所有的大陸又會集合成一塊巨大的大陸，日本也會和其他的大陸連在一起，到時候就可以開車到外國遊玩了。

真是太好了，好期待大陸移動呀！

小知識

板塊構造論　一種關於地殼板塊的理論，認為地球的表面是由好幾塊板塊所組成，這些板塊在地函之上，會隨著地函移動。

暴龍的化石只有三具

暴龍是恐龍世界裡的大明星，被認為是電影裡最帥氣的角色，凝聚了所有恐龍愛好者的夢想。但是能夠證明暴龍曾經存在的化石，其實數量相當少，全世界只有三具而已。

雖然暴龍常常在電影中登場亮相，但其實暴龍化石非常害羞，不太喜歡從土裡出來呢！加上全世界只有三具，當然是超級珍貴，價格也貴得離譜，過去曾經有過以十億日圓（編註：約新臺幣二億二千多萬元）售出的例子。

你也想成為億萬富翁嗎？快去挖掘暴龍的化石吧！

小知識

暴龍的化石數量　完整的暴龍化石只有 3 具，如果加上殘缺不全的化石，全部也只有 20 具，數量非常稀少。

泥土裡有數不清的細菌

你以為腳底下的泥土只是一些沙粒嗎？如果你這麼認為，那就錯了，事實上泥土裡可是充滿了生物呢！所謂的泥土，是由數不清的動物和植物的屍骸，在歷經生與死的過程中逐漸累積起來的物質，而維持泥土性質的重要角色就是細菌。每一把泥土裡，都存在數以百億計的細菌，甚至可以說，細菌就是組成泥土的主要成分。

這些細菌會分解死去的草木和生物，讓地球成為一個充滿生命的星球。人類萬物能夠存活、死亡之後能夠被散播到地球各處，都是多虧了泥土裡面的細菌。

小知識

1 公克的泥土裡有多少細菌？ 推估應該有數十億個，種類多達數百萬種，泥土可說是一個擠滿了細菌的世界。

沙子不夠！

相信大家一定都玩過沙子吧？但是你知道嗎？現在全世界的沙子都不夠用了！你一定覺得很好奇，沙子不是到處都有的東西嗎？怎麼會有不夠用這回事？理由就在於，沙子在許多產業都是必需品。例如，蓋房子就需要用到沙子。如今全世界正掀起一股建築熱，所以必須使用到非常多的沙子。

但並不是每種沙子都適合使用，所以並沒有辦法隨便從沙漠取沙子來用，而顆粒大小剛好合適的沙子，數量相當稀少。沙子竟然也能成為珍貴的資源，在以前的時代絕對不會有人相信吧！

小知識

混凝土 建築上使用的人工石塊，以水混合沙子、碎石和水泥製作而成。沙子主要就是用在這個地方。

到處都有輻射

讓你嘗嘗輻射的厲害！

當人們一聽到「輻射」，都會覺得它是很可怕的東西，但事實上這是一種誤解。

地球上到處都有輻射，你的家裡有，學校也有，即使是在大自然環境的深山裡也有，洞窟裡也有，到處都有，甚至連你的身上也有。說得更明白一點，你隨時隨地都在釋放出輻射。聽起來是不是很可怕呢？

其實我們不用害怕，輻射並不是那麼可怕的東西，基本上地球上所有物質都帶有輻射，同時也都暴露在輻射之中。輻射就是這麼平凡的東西，沒有必要過度害怕。

重點不在於有沒有輻射，而是輻射的量有多少。如果人體一下子暴露在大量的輻射之中，會有生命危險；但如果輻射的量不大，對人體則幾乎不會有影響。

關於輻射的議題，最麻煩的是，一件事情若不是非黑即白，在認定上就很難有一套標準。

輻射的議題沒有絕對的對錯，必須對其多寡與影響有一定程度的理解，才能做出正確的判斷。一般人會對「輻射」這個詞如此害怕，或許正是因為了解得不夠澈底。

小知識

輻射能　釋放出輻射線的能力。因為到處都有輻射，所以「輻射汙染」嚴格來說並不正確，應該稱之為「輻射性物質汙染」。

我們不可能預測地震

地震說來就來，除了帶來災難，還會奪走許多人的性命。如果能夠預測的話，不知該有多好！但事實是如果要預測地震，以現代的科學技術來說，幾乎不可能做到。

不管是把精密的儀器插入地底下，或是利用衛星從宇宙中監視，甚至是以超級電腦進行計算，都不可能預測地震。

目前已知地震的成因與發生在地球內部深處的現象有關，但我們都生活在地球的表面，以現在的科學技術，沒有辦法查出地球內部到底發生了什麼事，這就是地震預測的困難之處。

經由道聽塗說和社群網站的傳播，我們知道有很多現象可能是地震的前兆，例如在發生地震之前，烏鴉會開始吵鬧、鯰魚會變得不安分，以及天空會出現地震雲等。或許你會認為這些現象可以用來預測地震，然而這些現象並不罕見，只是人類以為那是地震的前兆，所以一旦看見了，就深深記在腦海裡。說穿了，只是穿鑿附會。

不要再相信毫無根據的迷信了，我們唯一能做的事，就是確實做好預防地震的準備。

小知識

鯰魚　在日本，鯰魚自古以來被視為能夠引發地震的魚。現代人不相信鯰魚會引發地震，卻又毫無根據的相信鯰魚能夠預測地震，實在很矛盾……

地震規模1所釋放的能量相當於一塊甜麵包的熱量

地震規模的最小等級是0，數字越大代表規模越大。

數年前引發了前所未有的重大災情的日本東北大地震，地震規模是9。那次地震所釋放的能量非常可怕，相當於人類歷史上最大炸彈的十倍。

不過，如果你以為地震的能量都非常巨大，那你就錯了！地震規模1所釋放的能量，其實只相當於一塊甜麵包的熱量；地震規模0的能量則更小，只相當於一公克脂肪所含有的熱量。人類竟然連這麼小的地震都能偵測得到，真是太厲害了！

小知識

地震規模　顯示地震有多大的指數。地震規模每上升1級，能量就增強31.6倍；每上升2級，能量就增強1000倍。

規模12的地震，足以讓地球裂成兩半

啪！
啪！
轟轟轟轟
呼叫奇妙號！現在地球發生了地震規模12的地震……哇啊——
HEN-TEKO-1

地震的規模是否有上限？

答案是「有」，12就是地震規模的上限，絕對不可能發生地震規模超過12的地震。

因為一旦發生地震規模12的地震，地球會裂成兩半，地球不可能被破壞得比這種情況更加嚴重，所以當然也就不可能發生超過這個規模的地震。

地震規模12的地震，能量相當於十兆噸的「黃色炸藥」，以分量來看大約是一千座東京巨蛋，可想而知那是多麼可怕的力量。除非是巨大隕石撞擊地球，否則不太可能出現那種規模的地震吧！

小知識

東京巨蛋　體積約 124 萬立方公尺。明明是很難理解的單位，不曉得為什麼日本人特別愛用。

火山大爆發是由水造成的

你看過火山爆發嗎？火山會發出轟隆巨響，冒出濃濃的黑煙，而造成這種大爆發的主角並不是岩漿，而是水。

當火山噴發的時候，岩漿裡頭所含有的水分，以及受岩漿加熱的地下水，會上升到地表附近。

這麼一來，原本在地底下受到擠壓的水，就會在地表附近變成水蒸氣。水蒸氣的體積是水的一千倍以上，這股膨脹的力量會撞開岩漿和山體，造成火山大爆發。

小知識

火山氣體的成分　包含水蒸氣、二氧化碳、硫磺酸化物、硫化氫等。其中硫化氫的毒性很高，常常導致人中毒身亡的意外。

溫泉的效果其實和在家裡泡澡差不多

泡家裡的浴缸其實也能治療手腳冰冷的症狀。
難得來泡溫泉……

大多數的溫泉，都標榜有「消除疲勞、緩解肌肉痠痛和肩膀僵硬症狀、改善手腳冰冷、治療凍瘡」等效果。

「溫泉竟然能治這麼多病！真是太神奇了！」、「好想每天都泡溫泉！」你是不是也這麼想呢？

但是，以上這些效果，只要讓身體保持溫暖就能達到，換句話說，根本不需要泡溫泉，只要在家裡泡澡就行了。這麼說起來，泡溫泉是否毫無意義呢？其實也不能這麼說，泡溫泉時的美好氣氛，是在家泡澡所得不到的，所以泡溫泉還是有好處，溫泉最棒了！

小知識

溫泉的顏色　各種不同的溫泉，顏色也不太一樣，主要有綠色、藍色、白色和黑色等。由於溫泉水裡所含有的礦物質成分不同，才會有這樣的差異。

溫泉其實是一種岩漿

來，我們泡一下岩漿吧……

說起來或許讓人不敢相信，其實溫泉與岩漿是同類。

所謂的岩漿，就是火山爆發時所噴出來的那些紅色物質。那原本是岩石，只是遇到高溫而熔化，變成了紅色的液體狀。這樣的岩漿當然不能泡，否則是會死人的。

至於溫泉呢？溫泉的外觀看起來和岩漿完全不同，幾乎每個人都很喜歡，但是老實告訴你，溫泉和岩漿其實是相同的東西，差別只在於「裡面含有多少岩石」。

岩漿的成分是岩石、鐵和水。原本存在於地底下的岩漿在上升至地表的過程中，會逐漸冷卻，這麼一來，比較容易凝固的成分會先凝固，殘留在地底下。換句話說，岩石和鐵會先變成固體，比較沒有機會出現在地表。

而隨著岩漿的溫度逐漸下降，水的比例便會逐漸增高；當溫度越低，岩漿的成分就會有越多的水，最後岩漿就變成了溫泉。

泡溫泉其實就是泡岩漿的概念，光看這字面的意思其實挺可怕的，對吧？

小知識

溫泉的定義　日本有所謂的《溫泉法》，對於溫泉有嚴格的定義。（編註：臺灣也有自己的《溫泉法》，對溫泉定義、開發、保育和罰則都有清楚的規定。）

黃金的蘊含量只有四座游泳池

小知識

本節提到的游泳池　指的是奧運規格的正式泳池（編註：長 50 公尺 × 寬 25 公尺 × 深超過 1.8 公尺），比一般學校的泳池大一些。

大家都喜歡金色的東西，舉凡金戒指、金項鍊、金別針，就連包包上的扣環也是金光閃閃。但是，真正的黃金相當珍貴，所以大多數的金色飾品其實都不是使用真正的黃金。

為什麼黃金如此珍貴？這是因為黃金的用途非常多，然而地球上的蘊含量卻非常稀少。

黃金除了能用來打造飾品之外，更是維持現代社會運作的重要螺絲釘，包含智慧型手機在內的各種電器產品，黃金都是不可或缺的原料。因此，就算是不喜歡金色裝飾品的人，也會想得到黃金。但是，地球上的黃金蘊含量大約只有四座游泳池這麼多而已，這樣的數量包含了過去已經挖掘出來的黃金，以及還埋在地底下的黃金。在未來的漫長歲月裡，人類能夠取得的黃金量就只有這麼多，由此可知，黃金是多麼稀少的重要金屬。

今後，黃金在世界上的需求量大概不會減少；未來，真正的黃金只會變得越來越珍貴，一旦黃金全部耗盡了，該怎麼辦才好？到時候恐怕只能前往外太空，尋找沉睡在宇宙中的黃金資源了。在那一天到來之前，就讓我們好好珍惜黃金吧！

小知識

黃金無法製造　黃金是巨大的恆星（比太陽大很多的星星）在死亡（超新星爆發）時產生的物質，以目前人類的科技並沒有辦法製造黃金。

鑽石並不是最堅硬的物質

這個才是最硬的！
但我們比較喜歡這個！
是啊！
鑽石
纖鋅礦型
氮化硼

很多人以為鑽石是世界上最堅硬的物質，這其實是錯誤的觀念。世界最堅硬的物質稱作「聚合鑽石奈米棒」，是一種以奈米技術製造的人工材質，硬度是鑽石的三倍以上。

撇開人工材質不談，自然界裡也有比鑽石更加堅硬的物質，例如纖鋅礦型氮化硼和藍絲黛爾石，這類岩石都比鑽石硬得多。

所以說，鑽石並不是最堅硬的物質，不過，那些比鑽石更堅硬的物質，名稱都比鑽石難念得多，或許這就是它們不像鑽石那麼有名的原因。

小知識

碳元素　鑽石其實是碳元素的結晶體，還有鉛筆的筆芯（石墨）也是。

鑽石原本是生物？

鑽石是在地球的內部歷經了好幾億年才產生的物質，它的組成成分是碳元素，這些碳元素的來源有各種不同的說法。其中最有趣的一派說法，認為這些鑽石原本是生物的遺體。

包含人類在內，所有的生物都是由碳元素所組成。所以有人認為在遠古時代的地球，可能有一些生物在死亡後，遺體被擠壓到地底深處，最後變成了鑽石。

鑽石與人類或許原本是有相同祖先的兄弟呢！站在這個角度來思考，蒐集鑽石其實是一種相當浪漫的行為。

小知識

鑽石行星　在浩瀚無垠的宇宙裡，有著由鑽石組成的行星（可參閱系列著作《好奇孩子大探索：真的假的？原來宇宙這麼炫》）。

鑽石能夠以人工的方式製造出來

20XX年○月△日
100克拉
人工鑽石
大特價！
現在
只要
3980元
TEL
012
哇！

科技的力量真是太偉大了！

從前，鑽石只能從地底下挖出來，但要找出地底下的鑽石很不容易，而且要挖出鑽石更是辛苦，正因為如此，鑽石才會這麼昂貴。

隨著科技的進步，現在已經能夠以人工的方式製造出鑽石，不需要投入勞力，而且材料非常便宜，成分又和大自然界的鑽石完全相同，外觀同樣美麗。

閃閃發光的鑽石，每個人都想要，但就算價錢變便宜了，永遠都是大家夢寐以求的寶物！

小知識

工業用鑽石　鑽石非常堅硬，所以可以用來製造切割和打磨的機器。

紅寶石和藍寶石幾乎一模一樣

紅寶石看起來紅豔美麗，藍寶石看起來湛藍清澈，這兩種寶石的顏色雖然完全不同，卻都是名為「剛玉」的礦石。既然是相同的礦石，成分和結晶構造當然也相同，造成外觀顏色差異的原因，只是因為內部混雜物的些微不同。

值得一提的是，依混雜物的種類和數量的不同，剛玉也有可能呈現紅色和藍色以外的顏色，例如粉紅色、黃色、橙色、綠色、無色、茶褐色和灰色等。顏色越不好看，價值就越低，甚至還會被當成普通的石頭。明明是相同的礦石，價值卻天差地遠，真是太殘酷了！

小知識

第二硬的寶石　紅寶石和藍寶石的硬度在寶石之中排名第二，僅次於鑽石。因為很硬，就算顏色不好看，也有工業上的用途。

南極比北極寒冷

北極和南極哪一邊比較冷？答案是南極。

為什麼南極比較冷？理由有兩點：第一點是高度。越高的地方就會越寒冷，北極的平均標高只有十公尺，南極的平均標高則高達二千二百公尺。第二點，則是南極有大陸，而大陸的溫度通常會比海洋低；北極只有一大片浮在北極海上的冰山，海洋具有維持溫度的特性，溫度較不容易下降。

基於這兩點理由，南極會比北極寒冷。南極的最低氣溫約零下九十八度，人類可能吸一口氣就凍死了，真是可怕的世界！

小知識

南極是什麼國家的領土？ 南極不屬於任何國家，所以前往南極不需要護照。

撒哈拉沙漠並不是世界上最大的沙漠

說起世界上最大的沙漠，很多人會想到「撒哈拉沙漠」，但是撒哈拉沙漠只是世界第三大的沙漠，還有兩座沙漠比撒哈拉沙漠更大，而最大的沙漠正是南極。

或許你覺得很奇怪，南極明明有那麼多冰山，怎麼能叫做沙漠？事實上，沙漠的定義是，「每年的降雨或降雪量在二百五十公釐以下的地區」，南極幾乎不下雪，完全符合這個定義，所以也算是沙漠。

第二大的沙漠，則是北極一帶，理由和南極一樣。南極和北極不僅寒冷，而且還是沙漠，真奇妙！

小知識

撒哈拉沙漠　位於非洲北部的廣大沙漠。

格陵蘭明明是一座被冰雪覆蓋的島嶼，為什麼會被稱作綠色之地？

翻開世界地圖，會發現北極附近有一座名叫「格陵蘭」的巨大島嶼。格陵蘭的英文是Greenland，意思是「綠色之地」。但這座島嶼幾乎完全被冰雪覆蓋，綠色植物相當少，為什麼會取這樣的名稱？

關於「格陵蘭」這個名字的由來，有各種說法，其中一派說法是「過度美化的結果」。

從前，許多歐洲人離開了自己的國家，在海上尋找島嶼，想要找到新的土地，展開新的生活。其中一部分的人發現了格陵蘭，雖然這座島嶼非常寒冷，不管是生活還是耕種都非常辛苦，但為了讓更多的人來到島上居住，當時有人把這座島嶼取名為「綠色之地」，藉此吸引歐洲人前來。

有些人聽了這個名字，滿懷希望搭船出海前往新世界，但當他們看見這座滿是冰雪的島嶼，不知道是抱著什麼心情在這裡度過餘生？

值得一提的是，格陵蘭的南邊有一座名為冰島的島嶼，英文是Iceland，也就是「冰之地」，聽這名字就知道相當寒冷，因此當時沒什麼人願意移居到這裡來。取名確實相當重要，但美化得太誇張似乎也不太好，對吧？

小知識

冰島　因為暖流的關係，在北歐諸國裡算是比較溫暖的島嶼，這一點剛好與格陵蘭相反。

距離太空最近的地點，不是聖母峰的山頂

聖母峰是地球上最高的山，因此大部分的人應該都以為聖母峰的山頂是距離太空最近的地點。其實還有另外一個地點更接近太空，那就是位於厄瓜多的安地斯山脈中的欽博拉索山。

這座山的高度為六千三百一十公尺，在我們的眼裡算是高山，但以全世界的眼光來看，這座山連前一百名也排不進去，因此不能算是特別高的山。和標高八千八百四十八公尺的聖母峰比起來，欽博拉索山足足矮了二千五百公尺以上。

但是，欽博拉索山的山頂，是距離地球中心最遠、最突出的地點，也就是距離太空最近的地點。理由正如第十二頁的說明，地球並不是完美的球體，而是有點肥胖的橢圓體，赤道附近特別寬，欽博拉索山的位置比聖母峰更接近赤道，再加上地球的變形高度，欽博拉索山就比聖母峰高了。

欽博拉索山的標高雖然低於聖母峰，但若比較從地球中心點算起的距離，欽博拉索山的山頂比起聖母峰還遠了二千一百公尺以上，因此是距離太空最近的地點。

明明不是非常高的山，卻最接近太空，真是稀奇古怪！

小知識

從哪裡開始算是太空？ 有人認定海拔高度 100 公里以上就算是太空。如果按照這個定義，聖母峰山頂是最接近太空的地點，但是在討論其他的行星時，採用的是本篇所介紹的定義，因此這個定義也不算錯。

三十八分鐘就可以到達巴西？

從日本挖一個洞貫穿地球，到地球另一側的巴西只要三十八分鐘！當然這只是理論的計算而已，實際上並沒有辦法做到。然而從日本搭飛機到巴西大約要花三十個小時，比起來，從日本貫穿地球的路線實在快得多！

要實現這條路線，必須克服許多問題：地球內部的地函層又硬又熱，不管是多堅固的鑽孔機器，到了地函裡就像麥芽糖一樣熔化，而且地球最深處的內核和外核超高壓又超高密度，即使人類擁有科幻電影裡的先進科技，恐怕也辦不到。

就算能夠挖洞貫穿地球，洞裡的氣壓也相當可怕，遠遠超過深海裡的水壓，其強大程度，可能超乎想像，就好像是置身在木星一樣，空氣可能化為金屬，所有的物質都無法維持我們所熟悉的狀態，不僅人類無法存活，機械當然也無法運作。

假如真的克服了這些問題，在落下的過程中，還會面臨一個無法避免的危險，就是落下的角度會因為地球自轉的關係，而與洞穴的角度產生誤差，這會讓你高速撞上洞穴內的牆壁，結果還是難逃一死。因此想要去巴西，還是乖乖搭飛機比較好。

小知識

全世界最深的地點　舊蘇聯（現在的俄羅斯）在科拉半島所挖掘的超深鑽孔，深度達 12262 公尺，超越了馬里亞納海溝，成為全世界最深的地點。

第 4 部

關於大海與水

如果把地球當成一顆懸浮在宇宙中的溼潤岩石，水的世界就只是積在岩石表面的一層薄薄水漬。

地球上的水相當少

常有人把地球稱作「水的行星」，那其實是一種錯覺，地球上的水少到幾乎可以忽略。

舉例來說，假如把整個地球當成一間四坪大的房間，海水的深度大概只有一公釐，當中還包含了所有深海裡的海水。

當我們坐在船上望著大海，會覺得那是一個看不見底部的巨大深淵，但從整個地球的角度來看，大海只不過是覆蓋在地球表面的一層薄膜。

我們對地球的理解，真的只侷限在表面而已。

小知識

計算看看　地球的直徑為 12742 公里，海洋的平均水深為 3.8 公里。4 坪大房間的長和寬都是 360 公分。算看看，海水在房間裡的厚度是多少？

地球上絕大部分的水都無法使用

從人類的角度來看，地球上有相當多的水，其實能夠使用的只占了一小部分。地球上的水百分之九十七是海水，沒辦法使用。北極和南極的冰山，則占了地球上的水的百分之二．四，雖然可以使用，但是北極和南極幾乎沒有人類居住，所以這些水也沒有使用的機會。剩下的百分之〇．六，大部分埋在地下深處，同樣沒辦法使用。

人類能夠使用的水，只有較淺層的地下水，以及河川、湖泊或池塘的水，大約只占了總量的百分之〇．〇〇六，由此可知水資源真的很珍貴，絕對不能浪費！

小知識

海水的淡水化　現在的科技雖然能夠將海水變成能夠飲用的淡水，但是必須耗費龐大的資金與能源。

海水來自於天空

任何人聽到「地球上的海水來自於天空」這句話，應該都會大吃一驚吧！但根據最新的研究，這卻是事實。

地球誕生於四十六億年前，當時有一顆和火星差不多大的星體撞上剛誕生的地球。因為衝擊力道太大，地球失去所有能夠形成大氣和海洋的原料。後來陸陸續續有小行星撞上地球，在漫長的歲月裡，可能有數兆、數京、數垓（編註：一垓等於一萬京，一京等於一萬兆）顆小行星從天而降。有些小行星帶了一點水，就像積沙成塔，小行星撞多了，則會形成大海。

小知識

關於海洋形成原因的各種說法　有些科學家認為海水是從地底下滲出，但目前大部分的科學家相信海水來自天空。仔細想一想，就連距離我們這麼近的海洋，人類的理解也相當有限。

大海一點也不遼闊？

和遼闊的大海相比，失戀算什麼……
你看見的只是大海的一小部分……

遠眺大海時，我們總是忍不住讚嘆大海的遼闊，延伸到無限遠的水平線，正象徵著地球的巨大。如果你這麼認為的話，你就錯了，那只是錯覺而已，人類所能看見的大海範圍，其實相當狹小。

風平浪靜時，身高一百公分的孩童所能看見的大海範圍（到水平線的距離）只有三・五公里；而就算是成年人，也只有四・三公里。如果在有大浪的時候看海，能夠看見的範圍更小，可能只有數百公尺。

換句話說，我們眼裡的大海一點也不遼闊。

小知識

成年人與孩童的差別　因為地球是圓形的，站得越高就能看得越遠，例如坐在別人的肩膀上，或是爬到山頂上、站在高塔上，都能看得比較遠。

休息一下

2

確認地球是圓形的實驗

地球真的是圓的嗎？
不用飛到太空中，只要走一趟海邊，
就能驗證地球的形狀！

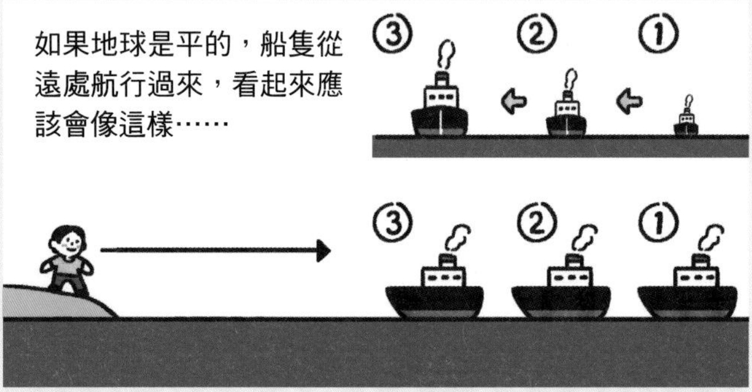
如果地球是平的，船隻從遠處航行過來，看起來應該會像這樣……
③
②
①

因為地球是圓的，所以實際上看起來是這樣！
③
②
①
看不見

海洋和陸地的分界線其實無法定義？

海洋和陸地的分界線在哪裡呢？這實在是很難回答的問題。由於海浪不斷拍打海岸，還有漲潮與退潮的差別，造成分界線不斷在改變，所以沒有人回答得出這個問題。

就算是地圖與國界，也有定義上的差異。日本的地圖，是以滿潮時的最高水位來定義海岸線，但是日本的國界，卻是以乾潮時的最低水位來定義海岸線，這麼重要的事情，定義卻不相同。即使清楚的定義出海洋和陸地的分界線，還是會因為海浪沖刷或地震造成陸地隆起和下沉，隨時發生變化。

小知識

漲潮與退潮　因為受月亮和太陽的重力影響，海平面的高度會發生變化，這就是漲潮與退潮的由來。

漲潮和退潮會經差了一百公尺

海平面每天會時高時低，這就是漲潮與退潮。潮差（滿潮與乾潮時的海平面高度差異）會隨著地點而有所不同，在大多數的地點是相差一個人的身高左右。（編註：以臺灣為例，東岸緊鄰太平洋，潮差約一公尺；西岸的潮差變化則較大，平均約四公尺，最高甚至可達五公尺。）

世界上潮差最大的地點，差距可以達到四層樓左右。或許你會覺得這高度差距很可怕，但從前地球的潮差比現在更加可怕。海洋剛誕生時，滿潮與乾潮的海平面高度差異超過一百公尺！

如今全世界的大都市約有百分之七十五鄰近海岸，如果現在的潮差也是一百公尺，全世界大部分的都市都會沒入海中。

為什麼會有這樣的差異？理由就在於從前的月球距離地球相當近，海平面受月球重力影響的程度遠大於現代，所以滿潮與乾潮的差距會比現在大得多。

賞月時可以看見巨大的月亮，似乎是件讓人開心的事，但是，要找到適合人類居住的地點，恐怕不是那麼容易。所以說，月亮還是距離我們遠一點比較好。

小知識

世界上潮差最大的地點　加拿大的芬迪灣，潮差達 15 公尺。

現在的海水是兩千年前的海水

我們在海邊看見的海水，其實是兩千年前的海水，歷史可說是相當悠久。怎麼說呢？

海底非常深，表層的海水會在世界各地迴流，最後在大西洋流入深海之中；接著在深海裡繼續往世界各地迴流，歷經漫長的歲月之後在太平洋又上升至表層。像這樣循環一次的時間大約是兩千年，在這麼長的時間裡，海水會環繞世界各地。因此，我們所看見的海水，與兩千年前的人所看見的相同。

下次要再看見相同的海水，已經是兩千年後的事了。到時候，不知道我們的世界變成什麼樣子？

小知識

大海的深度　大海的平均深度約 3800 公尺，自 200 公尺以下就稱作深海。

海水比拉麵的湯還鹹

海水裡含有相當多的鹽分，所以非常鹹。鹽分濃度約百分之三・五。這到底有多鹹？

用食物來比喻，平常喝的味噌湯的鹽分濃度約百分之一，鹽味拉麵的湯鹽分濃度約百分之一～二，由此可知，海水比拉麵的湯還鹹很多。

大家都知道，喝拉麵的湯會口渴，更何況海水比拉麵的湯更鹹，當然是越喝越口渴。所以口渴的時候，絕對不能喝海水！

小知識

血液中的鹽分濃度　人類血液中的鹽分濃度約為 0.9%，只要喝了鹽分濃度比這個數值更高的液體，就會越喝越口渴。

一滴海水裡面也有大量的生物

到海邊玩水的時候，建議你可以掬一些海水起來看個仔細。雖然手中的海水看起來清澈透明，其實裡頭隱藏著數不清的微生物呢！

放在顯微鏡底下，就可以看得一目了然：有海草、小蟹、小魚，還有細菌，生物的種類五花八門，甚至還有很多連顯微鏡也看不見的微小生物。

一滴海水裡，就有數十萬隻微生物，大海就像是「生命之湯」，只是我們看不見而已。

你以為到海邊玩水真的是玩水嗎？不，其實是玩生物。

小知識

海水中的病毒　一滴海水裡大約有一億個病毒，絕大部分的病毒都是以細菌為感染對象，對人體無害。

深海裡幾乎沒有生物

地球的表面約七成被海水覆蓋，海洋的平均深度深達三千八百公尺，我們很難理解深海到底是什麼樣的世界。

或許很多人因此以為大海裡存在大量生物，但生存在海中的生物，只占了地球上全部生物的百分之二不到（質量比）。而且約有九成的海洋生物，生存在海平面以下兩百公尺之內的淺海範圍內。

超過兩百公尺的那一大片深邃黑暗的深海裡，生物的數量只占了地球上全部生物的百分之〇・二，如果說深海就像是一大片死寂的沙漠也不為過。

小知識

深海裡生物很少的理由　太陽光沒有辦法進入深海，所以深海缺乏太陽光所製造的養分，沒有辦法養活大量的生物。

海嘯的速度和噴射機差不多

當發生大地震的時候，如果海底隆起，海面就會跟著隆起，如此一來就會發生海嘯。所謂海嘯，並非只是一些波浪，而是幾乎整片大海灌到了陸地上。

海嘯不僅破壞力驚人，速度也相當可怕，時速可達五百至八百公里，幾乎和噴射機差不多。若是地球另一端的南美外海發生地震，海嘯也只要花一天左右的時間，就可以到達東南亞的海岸。

海嘯在接近陸地的時候，雖然速度會減慢，但還是比汽車的速度快得多。因此一旦聽到海嘯的警報，就要立刻避難，不要遲疑。

小知識

海嘯的速度　海越深，海嘯的傳播速度就越快。因此在太平洋的外海上，海嘯的傳播速度非常驚人。

深海裡會下雪

一般的雪，一進入水裡就會融化消失。但是你知道嗎？深海裡也會下雪呢！

在漆黑的海底世界，會有一片片像雪一樣的白色顆粒慢慢飄落，這些白色顆粒被稱作「海之雪」。是不是覺得很浪漫呢？其實這些白色的顆粒，是海中生物的糞便或屍體。

聽到真相之後，覺得實在很掃興嗎？這些白色顆粒是珍貴的深海資源，因為深海裡幾乎沒有養分，「海之雪」可說是深海生物的寶貴食物！

小知識

深海　自海平面以下算起 200 公尺之下的區域，就稱作深海。過了 200 公尺以下，即使是白天也照射不到太陽光，所以任何時候都是一片漆黑的狀態。

北極的冰山能夠用來製作幾碗刨冰？

我們都知道北極的冰山非常巨大壯觀，近年來因為地球暖化的關係，北極的冰山有縮小的趨勢，但還是非常巨大。那麼，到底有多巨大呢？為了加深理解，讓我們以大家最熟悉的「刨冰」來比喻吧！

如果把北極的冰山全部製作成刨冰，大約可以製作二七〇〇〇〇〇〇〇〇〇〇〇〇〇〇〇〇〇〇碗（二七〇〇京碗），就算找全世界的人來吃，一個人也可以吃到二十七億碗。就算全世界每個人每天早餐、午餐和晚餐的餐後甜點都吃刨冰，大概要花二百五十萬年才吃得完，簡直是刨冰地獄！

小知識

北極海航線　由於冰山的數量減少了，現在有越來越多的船隻經由北極海運送物資。

有些雪沒有辦法用來堆雪人

有些雪沒有辦法用來堆雪人？

雪其實有很多種形狀，仔細觀察雪的結晶，發現可能是六角形、棒狀、針狀、圓餅狀、砲彈狀和圓鼓狀、箭矢狀等，種類多達一百種以上。

雪的結晶形狀，取決於溫度和溼度，結晶形狀不同，雪的性質就會不同。

在極度寒冷地方所下的雪，容易形成不太會凝聚在一起的結晶。因此，就算有大量的雪，可能也沒有辦法堆雪人或是捏雪球，真是太可惜了！

小知識

粉雪　看起來像細粉，不太會凝結的雪，最適合用來滑雪或玩滑雪板。

水會在零度沸騰，在零度結冰

看吧！七十度就沸騰了！
抖抖抖
來到這裡就只是為了證明這件事？
聖母峰

「水會在零度沸騰，又在零度結冰。」這句話可不是打錯字了！

當空氣越稀薄，水的沸騰溫度就會越低。例如在富士山的山頂，水只要攝氏八十七度就會沸騰，如果是在聖母峰的峰頂，水只要攝氏七十度就會沸騰。

如果提升高度到三萬五千公尺左右，水即使是在零度也會沸騰，這麼一來，就會發生古怪的現象。正常狀況下，水必須用火燒才會沸騰，但是在這裡什麼都不用做，水就會沸騰，而且在沸騰之後，溫度開始降低，水又會自己結冰。

小知識

氣化熱　水在變成水蒸氣的時候，會吸收熱量，這個熱量就稱作氣化熱。

雪的結晶

雪看起來似乎都一樣，其實結晶有非常多種類。不過雖然種類繁多，還是可以找到一些規則。

※除了這裡列出的結晶形狀之外，還有許多其他的形狀。

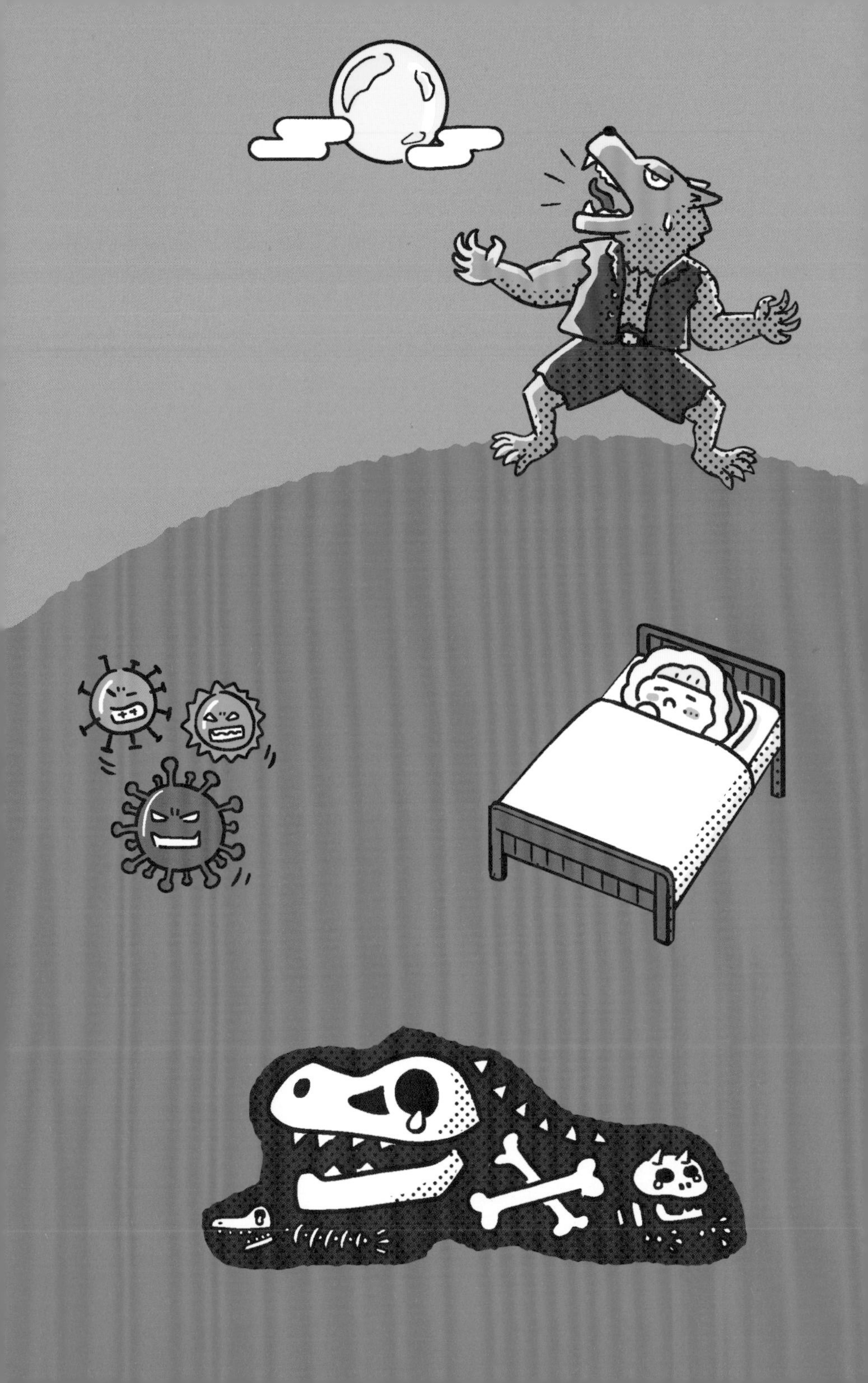

第5部

關於生命與人類

人類住在這個稀奇古怪的星球上，
不管是從前、現在，還是未來，都很稀奇古怪。

引發空前大屠殺的生物，如今依然存在

這就是
地球上最可怕的殺手！
藍菌
恕我們有眼無珠！

大約二十億年前，某種生物在海中和空氣中釋放出大量毒氣，導致地球上所有生物幾乎死光……這種生物的惡毒行徑還沒有結束，牠們接著讓整個地球變成冰天雪地的世界，殺死了那些好不容易在毒氣中存活下來的生物，這可說是地球史上規模最大的殺戮慘案。

你以為這只是從前的往事嗎？錯了！這些生物如今還好好的生活在地球上。由這些生物演化而來的親戚，在陸地和海洋隨處可見，牠們每天都在持續製造「毒氣」，就連人類的生死，也完全掌握在牠們的手裡。

小知識

到底是什麼樣的生物引發空前大屠殺？ 藍菌，從前稱作藍綠藻。雖然是一種微生物，卻是所有植物的共同祖先。所謂「毒氣」，其實就是氧氣，但對於很久以前的生物來說，是一種可怕的毒氣。

暴龍和劍龍同臺演出的荒謬設定

在一些恐龍電影裡，有時我們會看見暴龍與劍龍出現在同一個畫面上，或許你不認為這有什麼奇怪，但這其實是非常荒謬的設定。

暴龍滅亡於距今六千六百萬年前的隕石撞擊事件，在那個時代，劍龍早就已經滅亡了。

若站在暴龍的立場來看，劍龍滅絕於七千九百萬年前，而我們人類生存的現代則是六千六百萬年後。相較之下，我們人類的時代距離暴龍更近了一千三百萬年。

從人類誕生到今天不過二十萬年，由此可知這樣的差距實在非常大。

小知識

恐龍的時代　恐龍稱霸地球約 1 億 6000 萬年，是一段相當長的時間。

恐龍是因為運氣太差才會滅亡

恐龍是因為隕石撞擊地球才會滅亡，這一點相當有名。但是根據最新的研究，恐龍滅亡的原因其實更加複雜，並沒有那麼單純。如果只是隕石撞擊地球而已，照理來說應該還不至於讓恐龍全部滅亡。

為什麼恐龍會滅亡？理由很簡單，因為恐龍的運氣不好，甚至可以說是非常差！

說得更具體一點，是隕石掉落地點的問題。那顆隕石剛好掉落在埋藏大量粉塵與煤灰的地方，在隕石的巨大衝擊之下，粉塵與煤灰都飛揚到大氣之中，遮蔽太陽光，導致地球變得寒冷，恐龍沒有辦法存活。然而只要隕石撞擊地球的時間差了數分鐘，結果很可能就會完全不同。

如果沒有發生那樣的悲劇，恐龍很可能到現在依然稱霸地球。這麼一來，哺乳類沒有辦法獲得演化的機會，當然也就不會有人類，最後可能是恐龍建立起了像人類這樣的文明社會，只能說一切都是命運的捉弄。

小知識

希克蘇魯伯隕石坑　位於墨西哥的隕石撞擊痕跡，科學家認為是這次的隕石撞擊造成恐龍滅亡。

現在正值第六次的生物大滅絕？

地球上所有的生物幾乎全部死光，這聽起來是不是很可怕？像這樣的事情，過去曾經發生過五次，稱作「生物大滅絕」，是一種全球規模的巨大災害。就算發明了時光機，應該也不會有人想要前往那樣的時代吧！

但是你知道嗎？我們所生存的這個時代，或許正在發生第六次的生物大滅絕，因為我們人類讓地球的環境發生了太多的變化，導致許多生物都滅絕了。

根據統計，每一年都會有約四萬種生物從地球上消失，這樣的速度可說是非常驚人。在數千萬年前，大概每一千年才會有一種生物滅絕。現在的生物滅絕速度和從前比起來快了四千萬倍，真是太可怕了！更可怕的是，滅絕的速度還在持續攀升。

在未來的數十年之內，地球上絕大多數的生物可能都會消失，再過不久，我們身邊的一些常見生物，可能再也沒有機會看見了。再這麼下去，就連我們人類也會進入面臨滅絕危機的生物名單之中。

只有人類能夠改變地球，讓地球恢復原狀。我們的未來，掌握在自己的手中。

小知識

五次生物大滅絕　過去五次的生物大滅絕，分別發生在奧陶紀末期、泥盆紀末期、二疊紀末期、三疊紀末期、白堊紀末期。

大多數的生物來不及被人類發現就滅絕了

我發現了新品種的動物！
人類要是發現我們，一定會更驚訝吧！

發現新種生物是一件很稀奇的事嗎？不，你錯了，地球上約有八百七十萬種生物，其中有將近九成的生物還沒有被人類發現。未來你要是成為一個探險家，相信一定能夠發現非常多的新物種。

可惜的是，這些尚未被發現的生物很可能在滅絕之前，都不會有機會被人類發現。

造成生物滅絕的原因很多，其中最大的原因，就在於人類改變了環境。

當我們過著方便又舒適的生活，有誰曾經想過各種不為人知的生物正在從世界上消失？

小知識

科學家如何推測尚未發現的物種數量？ 科學家其實是靠著發現新種生物的速度，以數學的方式來推算尚未發現的種類數量。

所有的人類可以塞進邊長七百七十公尺的箱子裡

地球上的人口越來越多，如今已有將近八十億人。但如果把所有的人聚集在一起，其實看起來也不算非常多。

想像一下，把全世界的人類放進一個大箱子裡，需要準備多大的箱子呢？答案是只需要準備邊長七百七十公尺的箱子，換句話說，就算把全部的人類聚集在一起，也不一定會呈現「堆積如山」的樣貌。

在搭乘擁擠的電車時，想必會讓人覺得很厭煩，然而全部的人類加起來，也不過是這種程度而已，因此地球要讓更多的人類居住，應該沒有問題。

小知識

地球的人口並不會永無止境的增加下去　根據科學家的推測，在未來的數十年，人口會增加至 100 億，這應該是全世界人口的巔峰狀態了。

人類的血液就是遠古時代的海水

我們的血液成分與遠古時代的海水非常相近，這聽起來很不可思議，但從某些觀點來看，其實是理所當然的事情。

所有的生命，都是誕生於遠古時代的海水之中。在長達數億年的歲月裡，化學物質之中產生了胺基酸、蛋白質，逐漸演化出微生物與細胞。人類的身體，是由約五十兆個體細胞（那就是你），以及約一千兆個微生物（那不是你）凝聚而成。身體的內部，化學物質、氨基酸與蛋白質持續不斷的交換與傳遞。人體裡發生的事情，就是遠古時代的海水裡發生的事情。

小知識

微生物　眼睛看不見的微小生物。本文中提到的微生物，主要指的是細菌與真菌（黴菌的同類）。

滿月對人體不會有任何影響

長久以來，一直有人深信滿月會對人體造成影響，但這只是一種迷信。根據統計，滿月對人體沒有任何影響。

以實際的數據來看，在滿月的日子裡，犯罪率和出生率都沒有特別高，當然也不會有什麼變成了怪物的狼人。滿月的迷信，完全來自於人類的自以為是。

當我們相信「滿月有特別的力量」，許多平常也會發生的事情，此時都會變成「因為是滿月所以才發生的」，使得大腦深深記住這個錯誤的訊息。由此可知，我們的記憶實在是不太可靠呢！

小知識

確認偏誤　當我們在求證一個假設或信念時，往往會偏向重視肯定的訊息而輕視否定的訊息，這種心理現象就稱作確認偏誤。

尿會環繞地球

※這些地方都有你的尿。

這個世界是由顆粒所組成，不管是你、我、海洋、地球，還是天上的星星，全部都是以微小的顆粒拼湊而成。也就是說，是微小的顆粒組成這個宇宙。在這個由顆粒所組成的宇宙裡，不管是糞便或尿都藏著驚人的祕密。由於尿比較好理解，所以我們用尿來舉例。

尿雖然是液體，同樣是由大量的顆粒所組成。每一次的尿液，都包含了一三○○○○○○○○○○○○○○○○○○○○○○○○個顆粒。就算用整個地球的水來稀釋這些尿液後再舀起一杯，裡頭平均還是會包含兩千個當初那些尿液的顆粒。也因為已經用全世界的水稀釋了，所以不管舀起地球上任何角落的水，都會有這麼多當初的尿液顆粒。

這還是只計算了一個人的一次尿液，如果把地球上每個人每天的尿液加起來……那可不得了！早上起床喝的第一杯水裡，其實包含了大量來自尿液的顆粒！或許你會覺得很噁心，但畢竟這是事實，你也只能接受。

總而言之，整個宇宙都是由顆粒所組成，顆粒會環繞地球，我們每個人都是活在這些顆粒的洪流當中。

小知識

水分子　全世界都是由顆粒所組成，1 個氧原子配上 2 個氫原子，就可以組成水分子，你我的身體也是像這樣由微小的顆粒所組成。

增加森林，地球不見得會變得更好

很多人都以為只要多種些樹，讓綠色植物變多，地球就會變得更好，然而地球的問題並沒有那麼單純。樹木會釋放出甲烷，甲烷是一種會加速全球暖化的物質，其威力甚至超越二氧化碳。

換句話說，種植樹木或許沒辦法阻止全球暖化，還可能讓全球暖化變得更加嚴重。到底種植樹木能不能阻止全球暖化，科學界還沒有定論。但可以確定的是，種植樹木、創造森林能夠讓生物獲得更多的棲息空間，對生態系統來說，絕對是一件好事。

小知識

森林並沒有辦法減少二氧化碳　樹木也是生物，死後受到分解，會排放出二氧化碳和甲烷。所以說，增加森林的面積並沒有辦法減少地球的二氧化碳。

如果沒有臭氧層，所有的生命都會滅絕

地球的周圍有一層名叫「臭氧層」的薄膜，位置在高空約三十公里處。

臭氧層能夠保護我們，阻擋來自太陽的可怕光線——紫外線。只要晒到一點紫外線，就會讓皮膚變黑，如果曝晒在大量紫外線之下，生物體內的細胞和ＤＮＡ都會遭到破壞。

如果地球沒有臭氧層的話，包含人類在內，所有的生物都沒有辦法活下去。很久以前曾經發生過臭氧層遭伽瑪射線暴破壞，導致生物全滅的歷史事件。可見臭氧層是維護生命所不可或缺之物。

小知識

伽瑪射線暴　來自宇宙的可怕雷射光，能夠在數秒鐘之內將臭氧層完全破壞，導致人類滅亡。雖然是非常可怕的災害，但目前沒有任何方法可以避免。

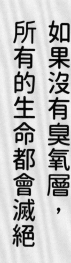

曾經有座一旦靠近就會致人於死的湖泊

世界上曾經有一座湖，只要繞著湖畔走一個小時就會沒命。

那座湖叫做卡拉恰伊湖，位於俄羅斯的西部，從前曾經是核武研發廢棄物的棄置地點，導致當地的水源、土地、生物和居民都遭到嚴重輻射汙染，許多居民因而罹患疾病，甚至失去生命。為了防止輻射汙染物質擴散，當地政府已經用混凝土將整座湖填平。

如今，那一帶依然釋放出強烈的輻射，隨便靠近還是可能會送命。這個地區要恢復到一般人能夠靠近的程度，恐怕還需要等待非常漫長的歲月。

小知識

輻射線　簡單來說，類似帶有高能量的光線：包含了 α 射線、β 射線、X 射線、γ 射線等。輻射線會破壞人體的原子結構，一旦照射太多就會有生命危險。

未來的大海裡，垃圾會比魚多

如今海洋垃圾正成為國際上的嚴重問題。目前有一億五千萬噸的垃圾在海中漂浮，每年持續增加八百萬噸，預估到了二〇五〇年，海中的垃圾量就會超越魚的數量。

許多魚類和鳥類誤食垃圾而死亡，海洋生態因垃圾而遭受嚴重威脅，而絕大部分的海洋垃圾都是塑膠。以目前的地球環境，塑膠材質沒有辦法自然分解。

由於這個緣故，垃圾只會越來越多，不久的將來，海裡和海邊可能到處都是垃圾。

小知識

海洋垃圾來自何處　注入海洋的垃圾，約有 90%來自於 10 條亞洲和非洲的河川，要解決海洋垃圾問題，最重要的是先進國家必須幫助新興國家找到處理垃圾的適當辦法。

病毒才是地球的統治者

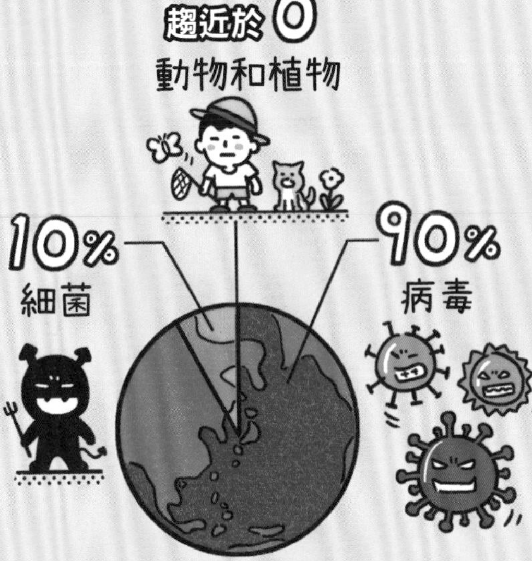

大多數的人應該都會認為人類是地球的統治者，但這只是一種錯覺，以數量來看，地球絕對不是由人類所掌控。

地球上存在著形形色色的各種生物，這些生物的數量遠比人類的數量多得多，但有一種生物，數量遠遠超過其他所有生物數量的合計值，那就是病毒。地球上的所有生物中，約有九成是病毒（有些專家主張病毒並不是生物，這問題姑且不談）；剩下的一成，則幾乎都是細菌。而人類、昆蟲和其他動物的比例，幾乎趨近於零。

所以病毒才是地球的統治者。

小知識

地球上的病毒數量　據推測大約是 100000000000000000000000 億個，相較之下，人類的數量不到 100 億。

南極雖然很冷，但不會感冒

南極非常寒冷，比臺灣的冬天冷得多，也比家裡的冰箱冷得多，雖然很冷，卻不會感冒。

理由就在於感冒必須要有傳播的人類或其他生物。

南極太冷了，幾乎沒有生物，加上南極探險隊的隊員們在剛抵達南極時，都是沒有感冒的狀態，所以也不會有傳染感冒的人。既然沒有人或動物可以傳染感冒，當然就不會感冒，就算想感冒也感冒不了。

如果住在南極的話，就沒辦法裝病不去學校上課了，真是糟糕！

小知識

流行性感冒　每年都爆發大流行的流行性感冒，其實是由候鳥傳播至遠方。任何傳染病都必定有傳播者。

泥鰍能夠預測天氣

泥鰍就像是天氣播報員。當泥鰍游在河底時，代表天氣會很好；當泥鰍浮在水面上，代表天氣會變差。泥鰍預測天氣的準確率相當高，封牠為天氣博士也不為過。

為什麼泥鰍能夠預測天氣呢？理由就在於泥鰍是一種對氣壓差相當敏感的生物。氣壓下降時通常會下雨，氣壓上升時通常會放晴，而泥鰍可以精準的感覺出氣壓的變化。

你猜到了嗎？泥鰍的英文是weatherfish，也就是「氣象魚」，從前日本的農家也會利用泥鰍來預測天氣呢！

小知識

人類也可以預測天氣　有些人在遇到天氣變化的時候，就容易關節痛或頭痛，「關節痛代表快要下雨了」的預測準確度，有時比天氣預報還高。

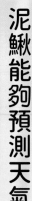

竹子將成為地球的霸主

在大家的眼裡，竹子只是相當平凡的植物，但這種植物將來或許會成為地球的霸主。

在演化的過程中，竹子變得比一般的樹木更能夠有效運用太陽光，所以竹子的生長速度非常快，遠遠超越樹木，這就是為什麼竹林裡幾乎看不到樹木。

加上竹子擁有非常強大的生命力，能夠沿著土地不斷擴張勢力，在美洲和歐洲，竹子的氣勢幾乎沒有任何植物擋得住。不久的將來，竹子可能會消滅其他所有樹種，讓地球成為竹子的星球。

竹子真的是「勢如破竹」呢！

小知識

竹子其實是一種草　竹子雖然可以長得很高大，卻是一種草，屬於禾本科的植物，和稻米是親戚。

擁有文明的生物並非只有人類而已

人類誕生於二十萬年前，逐漸能夠越來越靈巧的使用各種工具，文明也從石器時代發展到了現代。

多虧了文明的發展，如今我們就算是在擠滿人的捷運車廂裡，依然有智慧型手機可以打發時間。

根據最新的研究，有一種捲尾猴約從三千年前起，也會開始製造石器，還會將方法教授子孫，讓文明持續發展。

這和人類的石器時代一模一樣，可見牠們正在進入文明的初期階段，只要持續觀察這些捲尾猴，或許就能明白文明的發展過程！

小知識

石器時代　使用石頭製作工具或武器的時代。

捲尾猴　居住在南美洲巴西的一種猴子。

結語

讀完這本書，你有什麼感想？
如果我們戴上科學的眼鏡來看世界，
是不是會感覺一切都變得好有趣呢？
只要能夠稍微讓你產生這樣的心情，
我寫這本書的目的就算是達成了。
「感到有趣」是一股非常巨大的力量，
足以改變整個世界。
儘管這本書裡的知識可能無法在考試時派上用場，
讀了也不一定會讓成績變好，

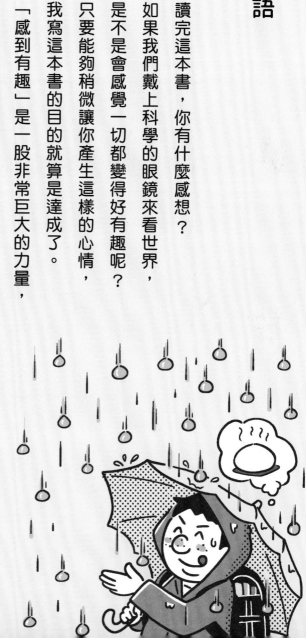

但我可以保證，
「感到有趣」會引發興趣，
「感到有趣」也會產生力量！
只要能夠一直維持這樣的心情，
你所擁有的力量就會越來越強大。
你還年輕，接下來的人生會有很多時間花在學習上，
如果每天只是被要求「念書、念書」，任何人都會感到厭煩。
我衷心期盼這本逗趣又搞笑的書，
能夠讓你的學習時光變得更加充實。
謝謝你讀完這本書！
我們有緣再見了！

參考文獻・參考網站

廣田道夫ほか編著「高層気象の科学」(成山堂書店)
大塚龍蔵「高層天気図の利用法」(クライム)
日下博幸「見えない大気を見る」(くもん出版)
横山茂ほか「雷の科学」(オーム社)
武田康男「雲のすべてがわかる本」(成美堂出版)
森田正光「ゼロから理解する 気象と天気のしくみ」(誠文堂新光社)
菅井貴子「なるほど! 北海道のお天気」(北海道新聞社)
ドーリング・キンダースリー「信じられない現実の大図鑑」(東京書籍)
「科学の迷信」(ナショナルジオグラフィック 別冊)
「深海がまるごとわかる本」(学研プラス)
Ken Libbrecht's Field Guide to SNOWFLAKES, Ken Libbrecht, Voyageur Press
左巻健男「地球の疑問」(技術評論社)
尚有其他書籍不及備載

日本氣象廳 http://www.jma.go.jp/
NOAA https://www.noaa.gov/
NASA https://www.nasa.gov/
USGS https://www.usgs.gov/
JAMSTEC http://www.jamstec.go.jp/
國立極地研究所 https://www.nipr.ac.jp/
尚有其他網站不及備載

第 35 頁　休息一下 1「找出圖畫中的錯誤」的答案

彩虹和太陽在同一側

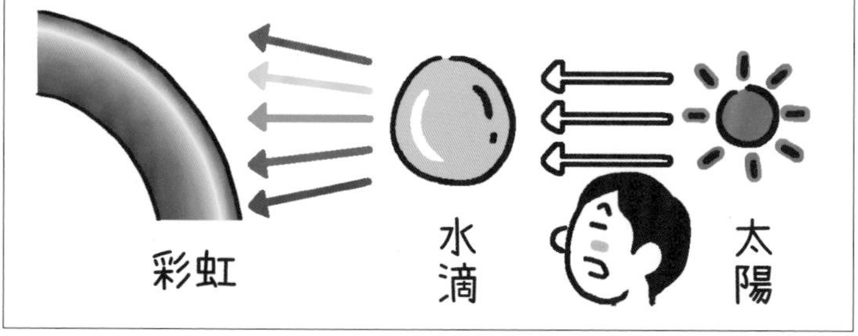

如上圖所示，太陽光因空氣中的水滴而發生折射現象，分成各種不同的顏色，形成了彩虹。所以彩虹一定與太陽在相反的方向，只有在背對太陽的時候才會看見彩虹。

國家圖書館出版品預行編目(CIP)資料

好奇孩子大探索：真的假的?原來地球這麼逗/岩谷圭介作；柏原昇店繪圖；李彥樺翻譯. -- 初版. -- 新北市：小熊出版：遠足文化事業股份有限公司發行, 2023.04
128 面；14.8×21 公分. -- (廣泛閱讀)
譯自：おもしろくてためにならない！へんてこりんな地球図鑑
ISBN 978-626-7224-42-7(平裝)

1.CST: 地球科學 2.CST: 通俗作品

350 112000814

廣泛閱讀

好奇孩子大探索：真的假的？原來地球這麼逗

作者：岩谷圭介｜繪圖：柏原昇店｜翻譯：李彥樺｜審訂：謝隆欽（Earth WED 地球星期三社群）

總編輯：鄭如瑤｜副總編輯：施穎芳｜特約主編：陳佳聖｜美術設計：楊雅屏
行銷副理：塗幸儀｜行銷助理：龔乙桐
出版與發行：小熊出版・遠足文化事業股份有限公司
地址：231 新北市新店區民權路 108-3 號 6 樓｜電話：02-22181417 ｜傳真：02-86672166
劃撥帳號：19504465 ｜戶名：遠足文化事業股份有限公司
Facebook：小熊出版｜ E-mail：littlebear@bookrep.com.tw
讀書共和國出版集團
社長：郭重興｜發行人：曾大福
業務平臺總經理：李雪麗｜業務平臺副總經理：李復民
實體暨網路通路組：林詩富、郭文弘、賴佩瑜、王文賓、周宥騰、范光杰
海外通路組：張鑫峰、林裴瑤｜特販通路組：陳綺瑩、郭文龍｜印務部：江域平、黃禮賢、李孟儒
讀書共和國出版集團網路書店：www.bookrep.com.tw
客服專線：0800-221029 ｜客服信箱：service@bookrep.com.tw
團體訂購請洽業務部：02-22181417 分機 1124
法律顧問：華洋法律事務所／蘇文生律師｜印製：凱林彩印股份有限公司
初版一刷：2023 年 4 月｜定價：350 元
ISBN：978-626-7224-42-7（紙本書）、9786267224410 (EPUB)、9786267224403 (PDF)
書號：0BWR0064

小熊出版讀者回函 小熊出版官方網頁